Gesunde Katzenernährung

Katzen

Gesunde Katzenernährung

Nicht nur Geschmacksache

Inhalt

Vorwort 5

Foodbasics 7
Allgemeine Grundregeln 8
Fütterungsregeln. 10
FAQs Ernährung 12
Katzen mögen's lieber warm 14
Trinken 16

Die richtigen Zutaten. 19
Eiweiß, Kohlehydrate, Fette 20
Welches Fleisch darf ich meiner
Katze füttern? 22
Was ist Barfen?. 24
Die Vitamine A bis H – große Wirkung 26
Mineralstoffe 28
Kein Futter! 30

Katzenfutter selbst gemacht 33
Köstliche Eigenproduktion 34
Rezepte für die Katz' 36
Quickies 40

Besondere Ansprüche. 43
Spannende Welt der Jungkatzen 44
Fütterung von Wohnungskatzen. 48
Fütterung von Freilaufkatzen 52
Giftige Pflanzen 54
Ernährung von Seniorenkatzen 56
Diät für die Katz'? 60

Vorwort

Die Gesundheit einer Katze hängt zu einem großen Teil von ihrer Ernährung ab. Um ihren Bedürfnissen gerecht zu werden, muss man zum einen beachten, wie sich Katzen in der freien Wildbahn ernähren, und zum anderen natürlich die Lebensumstände und das Alter des Stubentigers berücksichtigen. Junge Katzen brauchen andere Vitalstoffe als Senioren oder Muttertiere, Wohnungskatzen wiederum andere als Freigänger.

Je nach Einstellung des Halters kann Fertigfutter oder Selbstgemachtes verfüttert werden. Auch muss man sich überlegen, in welcher Form frisch zubereitete Nahrung angeboten wird. Die Palette reicht von Rohkost bis frisch gekocht. In diesem Buch finden sich neben Grundlagen zur Fütterung auch Katzenrezepte und Informationen zu bestimmten Ansprüchen.

Foodbasics

- Katzen haben eigene Futteransprüche
- Trinken ist lebensnotwendig
- richtige Ernährung ist wichtig für gute Gesundheit

Katzen sind wahre Schleckermäuler.

Es gibt viele Geschichten über die heiklen Fressgewohnheiten unserer Stubentiger. Viele davon sind aber in der Regel ein „hausgemachtes" Problem, weil Mieze ihre Vorlieben mit brillanter Hartnäckigkeit zu verteidigen versteht – und der Halter nachgibt. Das muss nicht grundsätzlich falsch sein, wenn man ein paar Spielregeln beachtet …

Eine gesunde Katze, die nicht aus Langeweile oder anderen seelischen Gründen zum Frustfresser wird, wird selten mehr fressen, als sie auch verbraucht. Das Futter sollte generell ausgewogen sein, sodass die Katze mit allem versorgt ist, was sie braucht.

Eine reine Fleischfütterung ist gesundheitsschädlich, da Katzen als Jäger eigentlich die gesamte Beute, also mit Haut und Haaren, verzehren. Durch Fell, Knochen etc. nimmt sie auch wichtige Nährstoffe wie Kohlehydrate, Fett oder Vitamine auf. Die richtige Balance erreicht man am besten durch Abwechslung, nicht nur in Bezug auf den Geschmack. Am besten reicht man zu gleichen Teilen Allein- und Ergänzungsfutter und regelmäßig auch Frisches (Rindfleisch, Geflügel, Wild, Lamm, Fisch) oder ein wenig Selbstgekochtes.

Allgemeine Grundregeln

Was bei der Fütterung zu beachten ist

Katzen in freier Wildbahn jagen nicht auf Vorrat, sondern verzehren ihre Beute sofort. Als Fleischfresser verputzen sie ihre Beute mit allem drum und dran und sorgen somit für ein ausgewogenes Verhältnis zwischen Nähr- und Ballaststoffen und eine gute Verdauung. Für den Halter folgt daraus, dass

- bei artgerechtem Futter der Fleischanteil überwiegen muss, auch weil Katzen sehr viel tierisches Eiweiß brauchen.
- man die Mahlzeiten jeweils frisch servieren muss.
- das Futter immer handwarm sein soll.
- eine erwachsene Katze mit drei Mahlzeiten pro Tag gut versorgt ist.
- jede Katze auch mal etwas nicht mögen darf, da sie es ja nicht aussuchen kann. Wenn sie jedoch Verschiedenes ablehnt oder plötzlich kaum bis gar keinen Appetit zeigt, muss der Tierarzt konsultiert werden.

Katzen fressen nicht alles, was man ihnen vorsetzt.

Energie und Leistung

Artgerecht füttern bedeutet auch, die jeweiligen Lebensumstände zu berücksichtigen. Eine Katze, die im Wachstum ist, Nachwuchs erwartet oder hat, freien Auslauf genießt oder Belastungen, wie Reisen oder Umzug, ausgesetzt ist, benötigt eine größere Energiemenge. Auch sehr aktive Katzen oder kranke Katzen haben einen weit höheren Energieverbrauch als Katzen, die sich kaum bewegen.

Katzenmütter

Trächtige Katzen haben meist bis zur siebten Woche einen gesteigerten Futterbedarf, erst im letzten Drittel schränkt der Nachwuchs das Bauchvolumen ein, sodass die Mutter zwar weniger, aber häufiger frisst. Jetzt sollten auch Mineralstoffe, vor allem Kalzium, zugesetzt werden.
Um eine konstante Milchleistung des Muttertieres zu gewährleisten, sollte die tägliche Futterration je nach Anzahl der Jungen auf das Drei- bis Vierfache, verteilt auf mehrere Mahlzeiten, erhöht werden. Erst wenn die Kitten anfangen, selbstständig zu fressen, die Rationen Schritt für Schritt kürzen. Mütter benötigen außerdem sehr viel Flüssigkeit. Es gibt mittlerweile auch spezielles Futter für die Zeit der Trächtigkeit und Kittenaufzucht.

Energie hat aber nichts mit der Futtermenge, sondern mit der Qualität zu tun. Hochwertiges Futter ist dem Billigangebot vorzuziehen, da letzteres zwar schnell den Katzenmagen füllt, aber bald wieder hungrig macht und damit meist auch zu dick. Bei hochwertigem Futter ist die Zusammensetzung perfekt auf die individuellen Bedürfnisse einer Katze abgestimmt.
Bei Fertigfutter gibt schon der Name den wichtigsten Hinweis, nämlich ob es ein Alleinfuttermittel oder ein Ergänzungsfuttermittel ist.
Letzteres reicht nicht aus, um den Bedarf zu decken und führt zu (krankhaften) Mangelerscheinungen.
Hochqualitativ darf sich ein Alleinfuttermittel auch nennen, wenn der Mineralstoff- und Vitaminanteil korrekt ausgewogen ist, der Hauptanteil jedoch aus tierischen Nebenerzeugnissen besteht und der tatsächliche Fleischanteil beispielsweise nur 4 % beträgt.

Leckerchen

Wer seine Katze glücklich machen möchte, wird sie gern verwöhnen. Daran ist nichts auszusetzen, solange gewährleistet ist, dass sie an den Mahlzeiten nicht herummäkelt und die Leckereien nicht überwiegen. Sie sind wie bei uns Menschen „Hüftgold“ und sollten auf die tägliche Futtermenge angerechnet werden.

Fütterungsregeln

Wann, was und wie viel

Jeder Katzenhalter hat eigene Erfahrungen gesammelt, die teilweise unterschiedlicher nicht sein können. Leider macht sich Fehlverhalten oft erst nach Jahren bemerkbar. Futter und Fütterung haben enormen Einfluss auf die Lebenserwartung der Stubentiger. Heimatlose Streuner werden meist nicht mal halb so alt, da durch die unzulängliche Ernährung Reserven und innere Organe, wie beispielsweise die Nieren, angegriffen werden.

Nicht alles glauben!

- „Rohes ist ungesund." Nein! Welche Katze kocht ihre Mäuse?
- „Innerhalb einer Gruppe muss jeder selber sehen, wo er bleibt." Man muss Rücksicht auf die Rangordnung nehmen und Einzelne extra füttern. Nur darauf zu achten, dass alle was kriegen, bringt meist nichts, da die Rangniedersten häufig erst erscheinen, wenn die anderen längst weg sind – und auch das Futter.
- „Hauptsache, es schmeckt!" Ja und nein. Wenn eine Katze immer nur ihr Lieblingsfutter bekommt, wird es ihr irgendwann langweilig. Sollte es sich dabei um Fisch handeln, sind die Karten der Katze schlecht: Zu viel Fisch begünstigt Mangelerscheinungen, zu viel Thunfisch die Gelbfettkrankheit.
- „Vegetarische Ernährung kann man durch Zusatzstoffe etc. ausgleichen." Nein, das ist Tierquälerei! Der Organismus einer Katze ist auf Fleischnahrung aufgebaut, im Unterschied zu uns oder Hunden ist sie kein Allesfresser.

Auf den Hund gekommen

Viele falsche Ansätze sind aus der Hundehaltung abgeleitet, doch nicht auf Katzen übertragbar, beispielsweise der „Hungertag pro Woche": Bei Katzen gilt hier ganz klar Nein, auch wenn sie zu dick sind. Futter als Erziehungsmaßnahme im Napf vergammeln zu lassen, führt eigentlich nur zu Frustration bei allen Beteiligten, denn die Katze hat a) die besseren Nerven, könnte

b) das Vertrocknete mitten aufs Bett erbrechen oder c) sich etwas anderes ausdenken, was dem Halter sicher noch weniger gefallen wird. Daher bei kompletter Verweigerung einfach nachgeben – schließlich kann das Futter durchaus etwas Unverträgliches enthalten oder einfach nicht gut riechen oder schmecken. Doch wenn die Katze frisches Futter stehen lässt, sollte umgehend der Tierarzt aufgesucht werden. Mangelnder Appetit ist häufig ein Vorbote von Krankheiten und Fasten oder Abmagerung können schnell lebensbedrohlich werden.

Wie oft füttern?

Auch die Regel „eine Mahlzeit pro Tag“ hat in der Katzenernährung nichts verloren. Katzen sind langsame Esser und brauchen Ruhe dabei, auch wenn sie Leckereien förmlich verschlingen. Und sie nehmen aufgrund ihres natürlichen Beuteverhaltens auch jetzt immer noch mehrere kleine Mahlzeiten pro Tag zu sich. Daher sollte man mindestens zweimal täglich „richtig“ füttern und auch eine kleine Nachtmahlzeit reichen, um den Stoffwechsel im Lot zu halten, auch wenn eher Diät angesagt wäre. Es kommt nicht auf die Menge sondern den Inhalt an.

Mehrere Mahlzeiten am Tag kann der Katzenorganismus besser verarbeiten.

FAQs Ernährung

Damit die Katze auch das richtige Futter bekommt

Kann man Hund und Katze das gleiche Futter geben?

Als Dauerernährung eignet sich Hundefutter auf keinen Fall. Die Katze hat einen wesentlich höheren Eiweißbedarf, außerdem gibt es einige Nährstoffe, die über die Nahrung zugeführt werden müssen, da sie sie nicht wie der Hund selber bilden kann.

Was braucht eine trächtige Katze?

Trächtige Katzen nehmen ab der zweiten Trächtigkeitswoche kontinuierlich an Gewicht zu und haben einen erhöhten Energiebedarf. Deshalb sollte die Futtermenge bis zur Geburt schrittweise erhöht werden, bis zu 50 % mehr als normal. Eine Besonderheit ist, dass sie während der Trächtigkeit überschüssige Energie in Form von Körperfett für die Säugeperiode speichern kann und somit der Gewichtsverlust nach der Geburt nicht so immens ist wie bei Hündinnen. Sie sollte aber nicht mehr als 30 % ihres Normalgewichtes zunehmen.

In der Säugeperiode braucht die Katze neben viel Flüssigkeit auch hochwertiges Eiweiß, wenig Stärke und einen geringen Kohlehydrateanteil im Futter. Auch steigt der Energiebedarf der Kätzin mit der Anzahl der Kitten extrem an. Zwischen der zweiten und vierten Woche der Säugeperiode kann er um das Dreifache des normalen Bedarfs ansteigen. In dieser Zeit sollte man Dosenfutter Vorrang geben, da der Gehalt an Kohlehydraten niedrig ist. Wird der drei bis vier Wochen alte Nachwuchs entwöhnt, sollte der Mutter das Futter getrennt angeboten werden. Nach Absetzen der Kitten das Futter wieder langsam reduzieren.

Was versteht man unter Rohasche?

Der Begriff „Rohasche" fasst die Gesamtmenge an Mineral-

Milch bekommt nur sehr jungen Katzen.

stoffen im Futter zusammen, die nach der Verbrennung übrigbleiben. Dazu gehören neben den Mengenelementen, wie Kalzium, Phosphor und Chlor, auch Spurenelemente, wie z. B. Eisen, Jod oder Zink. Das Futtermittelrecht schreibt vor, dass Futtermittel nicht gesundheitsschädlich sein dürfen. Sollten die Katzen ab und zu auch selbst gemachtes Futter bekommen, muss auf eine ausgeglichene Ergänzung mit Mineralstoffen und Spurenelementen geachtet werden. Daher empfehlen sich bilanzierte Rezepte.

Was sind Ergänzungsmittel?

Zu den Ergänzungsfuttermitteln zählen die zahlreichen Mineralstoff- und Vitaminpulver oder Tabletten, die im Handel angeboten werden. Kocht man selber, braucht man immer ein Ergänzungsfuttermittel. Man sollte aber besonders auf die Zusammensetzung dieser Mineralstoff- und Vitaminpräparate achten.

Dürfen Katzen Vollmilch trinken?

„Katzen und Milch" sind scheinbar unzertrennlich. Allerdings führt der Genuss von zu viel Vollmilch bei ausgewachsenen Katzen zu Durchfall, denn sie können den Milchzucker (Laktose) nicht verstoffwechseln, ihnen fehlt das notwendige Enzym (Lactase). Wie auch beim Menschen wird es nur dann gebildet, wenn es gebraucht wird, wie z. B. in der Babyphase. Das Trinken an sich ist lebenswichtig für die Katze, damit die Nieren ausreichend versorgt sind. Da ist Wasser einfach das Beste.

Katzen mögen's lieber warm

Über Geruch, Form und Temperatur des Futters

Der Geruch des Futters spielt eine wesentliche Rolle, denn der Geruchssinn ist eng mit dem Geschmackssinn gekoppelt. Bekommt eine Katze ihr Lieblingsessen auf einem Teller serviert, an dem noch Zwiebelgeruch haftet, kann es gut sein, dass sie das Futter nicht anrührt. Denn die Nase isst mit bei der Katze. Ebenso tragen Tast- und Temperatursinn dazu bei, ob die Katze etwas als schmackhaft empfindet.

Der Geschmackssinn

Die Katzenzunge ist bedeckt mit verschieden geformten Papillen. Einige davon, nämlich die Blätterpapillen, die umwallten Papillen und die pilzförmigen Papillen besitzen Geschmacksknospen und sitzen gehäuft an der Spitze, entlang der Seiten und hinten auf der Zunge. Deren Rezeptoren übermitteln Informationen an das Gehirn, sodass die Katze sauer, salzig und bitter schmecken kann. Ihr Geschmackssinn reagiert außerdem auf Wasser und chemische Verbindungen, die Stickstoff und Schwefel enthalten, insbesondere auf Aminosäuren, die Bausteine der Proteine. Andersherum hat sie kaum Rezeptoren für Süßes. Alles typisch für einen Fleischfresser.

Der Geruchssinn

Auch er hat etwas zu melden, denn er ist bei der Katze eng mit dem Geschmackssinn verknüpft und die Rezeptoren von beiden senden Signale zum Gehirn. Wenn zum Beispiel der Geruch von tierischem Fett eine Katze anzieht, analysiert sie ihn, bevor sie eine Geschmacksprobe nimmt. Das läuft so subtil ab, dass der Besitzer dies nicht einmal bemerkt. Katzen können sogar buchstäblich Luft schmecken, eine Fähigkeit, die Hunden und Menschen fehlt. Oben im Katzenmaul sitzt gleich hinter den Vorderzähnen

das Jacobsonsche Organ. Wird die Katze von einem Geruch gefesselt, zieht sie ihre Oberlippe zurück und inhaliert mit leicht geöffnetem Mund die Geruchsmoleküle. Dann drückt sie ihre Zunge gegen das Jacobsonsche Organ und hält den Atem an, während ihr Gehirn die chemische Zusammensetzung des Geruchs analysiert. Dieses Flehmen wird oft als Ausdruck von Ekel missverstanden.

Der Tastsinn

Ob das servierte Futter nun den Geschmack getroffen hat, hängt nun noch von dessen Beschaffenheit ab. Katzenfutterhersteller haben genau erforscht, wie sich das Essen im Katzenmäulchen anfühlen muss, und dabei festgestellt, dass Dosenfutter in Stücken beliebter ist als eines im Ganzen. Und hat sie die Wahl zwischen einem körperwarmen Imbiss oder einem direkt aus dem Kühlschrank, dann entscheidet sie sich in der Regel für den mit (Mäuse-)Körpertemperatur. Zugefügte Fleischextrakte können die Schmackhaftigkeit einer Speise noch erhöhen.

Knusprige Mäuseknochen

Trockenfutter muss knusprig sein. Viele Hauskatzen mögen es scheinbar deshalb, weil es ihnen das Gefühl vermittelt, auf Knöchelchen zu beißen.
Trotz allem: Katzen können nicht schmecken, ob Fleisch Toxoplasmose-verseucht ist, sie trinken Kuhmilch und knabbern an giftigen Pflanzen.

Nicht nur das Ruheplätzchen soll kuschelig warm sein, auch das Futter schmeckt warm am besten.

Trinken

Der Trick mit dem Zimmerbrunnen

Trinken ist auch für Katzen lebenswichtig, denn etwa 70 Prozent ihres Gewichts setzen sich aus Wasser zusammen. Um sie zum Trinken zu animieren, gibt es verschiedene Möglichkeiten. Besonders wirksam ist das Aufstellen eines stabilen, mit Trinkwasser gefüllten Zimmerbrunnens – er macht das Wasser für Mieze richtig schmackhaft. Daneben sollten jedoch auch mehrere stabile Trinkschalen verteilt aufgestellt werden, damit die Katze jederzeit an Wasser gelangt.

Zimmerbrunnen

Gut gepflegte Zimmerbrunnen sind eine tolle Ergänzung für den Katzenhaushalt und steigern nachweislich die Wasseraufnahme des Stubentigers. Und das ist gut, denn meistens trinken Katzen viel zu wenig – nicht umsonst sind Nierenprobleme stark verbreitet.

Welche Art von Zimmerbrunnen man wählt, bleibt dem persönlichen Geschmack überlassen, der Katze kommt es mehr auf ein möglichst interessantes Wasserspiel an. Ein sanfter, gleichmäßiger Wasserfluss ist ganz in ihrem Sinn. Ganz wichtig ist auch, dass sie problemlos an das Wasser kommt.

Ebenso sollte die Reinigung nicht zu umständlich sein, denn

Wasser ist überlebenswichtig

Katzen können ohne ausreichend Flüssigkeit nicht überleben. Der Verdurstungsprozess setzt sogar wesentlich schneller ein als das Verhungern. Bereits der Verlust von nur zehn Prozent des Körperwassers führt zum Tode. Wasser ist ein Lösungsmittel, das zelluläre Reaktionen fördert und Nährstoffe transportiert. Die Temperaturregelung des Organismus hängt direkt vom Wasserhaushalt ab. Katzen schwitzen nicht, sondern regulieren ihre Temperatur durch Hecheln und über die Verdunstung im Bereich der Schleimhäute. Letztendlich hängen auch der Verdauungsprozess und die Entgiftung des Katzenkörpers vom Wasser ab.

eine gleichbleibende Wasserqualität ist eine weitere wichtige Voraussetzung für einen katzengerechten Zimmerbrunnen mit hohem Spaßfaktor.

Wasserqualität

Da der Brunnen leicht zur Lieblings-Trinkquelle wird, muss natürlich die Wasserqualität stimmen. Ansonsten drohen gesundheitliche Störungen wie Magengrummeln, Durchfall und Erbrechen. Während der Sommermonate ist dieses Thema – aufgrund der hohen Temperaturen und erhöhter Erregerzahl – besonders wichtig. Aber auch in der restlichen Zeit des Jahres ist auf hygienische Bedingungen zu achten. Einfaches Leitungswasser, das täglich durch frisches ersetzt wird, ist für Katzen absolut bekömmlich. Von Brunnenherstellern wird allerdings zu destilliertem Wasser geraten, damit die kleinen Leitungsrohre des Brunnens nicht verkalken. Dieses ist aber wiederum nicht als Trinkwasser für Katzen geeignet. Entkalken ist daher besonders wichtig. Man muss nur darauf achten, dass man einen ungiftigen, biologischen Entkalker verwendet, der nicht haustierschädlich ist. Anschließend lässt man den Brunnen einige Minuten lang mit frischem Wasser durchlaufen, entleert ihn und gibt nochmals neues Wasser hinein. Dadurch werden auch kleine Restbestände des Entkalkers ausgespült. Wird Essig zum Entkalken verwendet, sollte man vorher prüfen, ob die im Zimmerbrunnen verwendeten Materialien nicht davon angegriffen werden. Wie oft man reinigen muss, hängt vom Kalkgehalt im Wasser und vom Modell ab.

Neben dem richtigen Futter ist Trinken sehr wichtig für Katzen.

Die richtigen Zutaten

- Katzen können bestimmte Stoffe nicht selber bilden
- das natürliche Jagdverhalten sollte berücksichtigt werden
- es gibt viele Möglichkeiten

Nicht alle Lebensmittel sind auch als Nahrung für Samtpfoten geeignet.

Die richtige Zusammensetzung der Inhaltsstoffe gibt den Ausschlag, ob das Futter ausgewogen ist oder ob es irgendwo zu Mangelerscheinungen kommt. Grundsätzlich sollte man sich Gedanken darüber machen, was und wie die Katze in der freien Natur Nahrung zu sich nimmt. Obwohl nicht alles roh verfüttert werden sollte, muss man bedenken, dass keine Katze ihre Beute häuten, ausnehmen und garen würde.

Füttert man eine Alleinfuttermischung sind alle wichtigen Nährstoffe, Vitamine und Mineralien in ausreichenden Mengen und den richtigen Verhältnissen vorhanden. Stellt man das Futter selbst her, muss man genau wissen, welchen Bedarf die Katze hat und wie man ihn befriedigt. Es gibt sogenannte bilanzierte Rezepte, bei denen die Vitalstoffmengen ausgerechnet und angepasst sind. Auch der Tierarzt kann hier weiterhelfen und beraten.

Beherzigt man die wichtigsten Regeln, steht einem gesunden Katzenleben nichts im Wege.

Eiweiß, Kohlehydrate, Fette

Die Mischung macht's

Katzen würden Mäuse kaufen. Denn die schmecken nicht nur herzhaft gut, sondern beinhalten garantiert auch alles, was eine Katze an Nährstoffen benötigt und das natürlich in optimaler Komposition. Darum muss das Futter dieser Naturkost möglichst genau entsprechen. Wie jedes andere tierische Lebewesen braucht die Katze Eiweiß, Fett und Kohlehydrate, die sie über die Nahrung aufnimmt, als Energielieferanten zur Aufrechterhaltung ihrer Lebensfunktionen. Zum Beispiel um die Körpertemperatur konstant zu halten, zur Bewegung und Verdauung, zum Wachstum und Auf- und Abbau von Zellen und Geweben, für die Immunabwehr und Milchproduktion. Gleichzeitig liefern die Nährstoffe Eiweiß und Fett auch Baustoffe für den Katzenorganismus.

Fett und Öl

Fett stellt essenzielle Fettsäuren zur Verfügung, die der Katzenorganismus nicht selbst herstellen kann. Gebraucht werden sie zum Aufbau von Substanzen mit wichtigen Regulationsfunktionen. Fett hat den höchsten Brennwert, d. h. dass in 1 g Fett mehr Energie enthalten ist als in 1 g Eiweiß, und hier wiederum mehr Energie als in 1 g Kohlehydrate. Folglich ist Fett nur in Maßen gesund. Die meisten Katzen bevorzugen einen Fettgehalt von 25 bis 40 Prozent im Futter.

Fette haben noch eine weitere Funktion: Sie ermöglichen die Aufnahme der fettlöslichen Vitamine A, D, E und K. Und sie bringen Geschmack ins Fressen.

Hauptsache hochwertiges Portein

Das Beutetier Maus besteht (neben Wasser) zum überwiegenden Teil aus dem Nährstoff Eiweiß, auch Protein genannt. Dieser spielt im Energiestoffwechsel der Katze eine besondere Rolle, darum ist ihr Bedarf an Eiweiß deutlich höher als etwa der eines Hundes.

Kohlehydrate

Eine Miniportion dieses Nährstoffs reicht ihr – gerade mal so viel wie das Beutetier Maus in Magen und Darm an vorverdauter Pflanzenkost bereitstellt. Ein zu hoher Gehalt an Kohlehydraten im Futter führt sogar zu Verdauungsstörungen, da sie Stärke nur schwer abbauen können. Kohlehydrate sind Zuckermoleküle verschiedenster Längen. Das wichtigste komplexe Kohlehydrat ist Stärke aus Getreide (Weizen, Hafer), Mais, Reis oder Kartoffeln. Durch Kochen oder Dämpfen wird die Bekömmlichkeit für die Katze verbessert.

Insgesamt sind es rund 20 verschiedene Aminosäuren, die im tierischen Organismus die Proteine bilden, egal ob bei Maus, Rind oder Huhn. Die meisten Aminosäuren kann der Katzenorganismus selbst herstellen, doch nicht alle. Es gibt ein paar, die über die Nahrung aufgenommen werden müssen, sogenannte „essenzielle" Aminosäuren. Hauptsächlich sind dies Taurin und Arginin, auf deren Mangel Katzen sehr empfindlich reagieren. So kann ein Taurinmangel zu Erblindung und Herzkrankheiten bei der Katze führen. Die Qualität von Nahrungseiweiß hängt von zwei Faktoren ab: Einerseits müssen Menge und Mischung der Aminosäuren stimmen, andererseits muss es gut verdaulich sein. Sonst wird Protein, etwa von Knorpeln oder Sehnen, nicht rechtzeitig im Dünndarm abgebaut und aufgenommen, sondern gelangt in den Dickdarm, wo durch bakteriellen Abbau ungünstige Stoffwechselprodukte entstehen. Zu den hochwertigen Eiweißquellen zählen Muskelfleisch von Rind und Geflügel, Milchprodukte und Fisch.

Ein wenig Fisch ist gesund, aber Fleisch sollte in der Nahrung überwiegen.

Welches Fleisch darf ich meiner Katze füttern?

Was am besten geeignet ist

Fleisch ist ein überaus wichtiger Bestandteil in der Katzenernährung. Es liefert das für die Katze so wichtige Eiweiß, das in ausreichender – und hochwertiger – Form zur Verfügung stehen sollte.

Für die Katze wertvolle Muskelfleischsorten sind Rind-, Schaf-, Pferde-, Schweine-, Wild- und Geflügelfleisch. Grundsätzlich kann man das Fleisch gekocht, gebraten und meist auch roh verfüttern. Schweine- und Geflügelfleisch dürfen jedoch nur gut durchgegart verfüttert werden. Auch wenn sich die Meinungen zur Rohfütterung unterscheiden, sind die Nährstoffe und Vitamine im rohen Fleisch doch in unveränderter Form enthalten. Verfüttert werden sollte aber nur rohes Fleisch, das auch für den menschlichen Verzehr von gut geführten Metzgereien angeboten wird.

Doch Vorsicht

Schweine- und Geflügelfleisch hingegen dürfen niemals roh verfüttert werden. Schweinefleisch kann das für Katzen tödliche Aujeszky-Virus (Erreger der Pseudotollwut) enthalten und Geflügelfleisch kann mit Salmonellen belastet sein. Deshalb sollten beide Fleischsorten gekocht oder gebraten werden, wobei auch das Innere gut durchgegart sein muss. Erfahrungsgemäß bevorzugen Katzen rohes mageres

Tierisch geteilt

Lebt die Katze mit einem Hund zusammen, kann es vorkommen, dass beide mal die Näpfe tauschen. Das ist kein Problem, wenn es nur hin und wieder geschieht. Passiert das aber regelmäßig oder über längere Zeit, wird zwar keiner der beiden gleich tot umfallen, aber Bello wird aufgrund des wesentlich geringeren Proteinbedarfs zu dick, während die Katze unter erheblichen Mangelerscheinungen leidet.

Rindfleisch, kleingeschnittenes rohes Rinderherz, das zum Muskelfleisch zählt, und gedünstetes Geflügelfleisch. Da Geflügelfleisch zusätzlich sehr fettarm ist, dabei aber eine hohe Eiweißqualität besitzt, eignet es sich besonders gut auch für Schonkost oder Diäten.

Reine Fleischfütterung ist ungesund

Bedenken sollte man aber auf jeden Fall, dass die Katze als Fleischfresser die ganzen Beutetiere frisst und somit neben Muskelfleisch (Eiweiß) noch Kohlehydrate, Fett, Mineralstoffe und Vitamine geliefert bekommt. Reine Fleischfütterung würde somit auf Dauer zu Mangelerscheinungen bei der Katze führen. Deshalb müssen Fleischrationen immer noch mit den restlichen Nahrungsbestandteilen ergänzt werden. Erst dann ist die Ernährung für die Katze als vollwertig zu betrachten.

Fleisch ist zwar der wichtigste Bestandteil des Futters, aber längst nicht alles.

Roh oder gegart?

Die Entscheidung, ob roh oder gegart, liegt letztendlich beim Halter. Bedacht werden sollte allerdings, dass für Katzen zum einen rohe Fleischnahrung „natürlich" ist und zum anderen, dass sie die meisten Vitamine und Nährstoffe enthält. Besonders die wasserlöslichen sind sehr hitzeempfindlich und verflüchtigen sich beim Garvorgang. Ob es dann auf selbstgemachtes Futter oder das in Mode gekommene Barfen hinausläuft, ist Geschmackssache auf beiden Seiten.

Was ist Barfen?

Auf den Hund gekommen

Mit „Barf" wird eine in den USA ursprünglich für Hunde entwickelte Ernährungsstrategie bezeichnet, die sich an den Gewohnheiten wild lebender Verwandter orientiert. Sie gilt momentan als die „artgerechte" Ernährung an sich, ist so neu aber auch wieder nicht, weil die Erfindung des Fertigfutters erst rund 30 Jahre zurückliegt. Der Unterschied zwischen Barfen und selbstgemachtem Futter ist schnell erklärt: Selbstgemacht heißt in der Regel, dass Gekochtes (Fleisch etc.) angeboten wird, während beim Barfen ausschließlich Rohes gefüttert wird, beides jeweils angereichert mit Nährstoffen. Der in Vergessenheit geratene Mittelweg wäre, beides zu mischen oder abzuwechseln. In allen Fällen unterliegt die Zusammensetzung der Verantwortung des Halters. Wofür man sich entscheidet, bleibt natürlich dem eigenen (und Miezes) Geschmack überlassen.

Viele Katzenbesitzer lehnen industriell hergestelltes Futter grundsätzlich ab, andere suchen nach Alternativen, weil ihre Katze allergisch darauf reagiert oder es einfach nicht fressen mag, und kochen selbst. Viele Jahre herrschte die Meinung vor, Rohes sei ungesund, weil es zahlreiche Gefahren berge. Doch mit dem neuen Trend des Barfens ist die Diskussion wieder aufgeflammt.

Wenn es der Katze schmeckt, wird der Teller blitzblank geschleckt.

Rohfütterung/BARF

Das Kürzel „BARF“ steht für „Bones And Raw Foods“ und wird hierzulande als „Biologisches Artgerechtes Rohes Futter“ bekannt gemacht. Die Industrie zieht langsam nach, sodass man in Fachgeschäften (auch via Internet) die Wahl zwischen gefrostetem Muskelfleisch oder Rinderherz über Kaninchen und Fisch bis hin zur „Hardcore“-Ware, nämlich tiefgefrorenen Mäusen oder Eintagsküken, hat.

Beikost und Mineralstoffe

In jedem Fall müssen dem Frischen bei Alleinfütterung z. B. ein Teil Reis und zwei Teile Gemüse (maximal ein Drittel der Gesamtmenge) zugefügt werden, denn zur Aufrechterhaltung der Stoffwechselfunktionen fehlt ja der Darminhalt der „natürlichen Beute“. Außerdem müssen Mineralstoffe und Vitamine zugesetzt werden; Art und Menge sind abhängig vom Wachstum, von der körperlichen Aktivität, der Körpermasse, dem Alter und dem Gesundheitszustand der Katze.

Nährstoffbestandteile

Folgende Bestandteile muss die Nahrung einer Katze aufweisen:
Ballaststoffe sind unerlässlich für die Verdauung.
Kohlehydrate nur sehr wenig und in gekochtem Zustand füttern.
Tierisches Fett ist ein wichtiger Energielieferant und außerdem zur Verwertung fettlöslicher Vitamine notwendig.
Tierisches Eiweiß (Protein) ist unentbehrlich für die Bildung und Erhaltung der Körpersubstanz.
Vitamine sind lebenswichtige organische Verbindungen. Ein Überangebot an fettlöslichen Vitaminen (A/D/E/K) sollte vermieden werden, weil es, in der Leber gespeichert, zu Vergiftungserscheinungen führen kann.
Mineralstoffe sind enorm wichtig für Knochen, Zähne, Muskeln und Blut. Wichtig sind **Kalzium** und **Kochsalz.** Außerdem muss auf ein ausgewogenes Verhältnis von Kalzium und Phosphor geachtet werden.
Wer nun nicht ständig mit Waage und Rechenstift hantieren will, greift am besten auf bewährte Vitamin-Mineralstoff-Mischungen zurück. Auch der Tierarzt kann beraten.

Die Vitamine A bis H – große Wirkung

Auf die Menge kommt es an

Vitamine steuern, beschleunigen und beeinflussen unzählige Körperfunktionen. Die einzelnen Vitamine können sich gegenseitig nicht ersetzen, da die Funktionen ganz spezifisch sind. Eine entscheidende Rolle spielt besonders bei den fettlöslichen Vitaminen die richtige Dosis. Sowohl ein Zuviel als auch ein Zuwenig kann Schaden anrichten. Die wasserlöslichen werden bei Überdosierung einfach ausgeschieden.

Katzen können mit fünf Obst-/Gemüsemahlzeiten am Tag nichts anfangen: Vitamin C brauchen sie nicht mit der Nahrung aufzunehmen, da sie es in ihrer Leber selbst bilden können. Das Karotin aus Karotten oder Spinat, das Provitamin A, können Katzen nicht verwerten. Die Mäusejäger sind auf die Zufuhr von Vitamin A angewiesen, das ausschließlich in tierischer Nahrung, wie etwa der Mäuseleber, enthalten ist.

Fettlösliche Vitamine

Da handelsübliche Alleinfuttermischungen auf die Bedürfnisse der Katzen abgestimmt sind, sind zusätzliche Vitamingaben für gesunde Tiere überflüssig. Fettlöslich sind die Vitamine A, D und E.

Vitamin A ist wichtig für die Gesunderhaltung von Haut, Schleimhäuten und Augen. Wegen seiner Fettlöslichkeit kann es nicht einfach über den Harn ausgeschieden werden, sondern wird in Leber und Niere gespeichert. Darum kann eine Überversorgung zu Vergiftungserscheinungen führen. Vorsicht also beim Verfüttern von roher Rinderleber, da sie eine wahre Vitamin-A-Bombe ist. Erhält die Katze andererseits zu wenig Vitamin A, können u. a. Hautprobleme, Fruchtbarkeits- sowie Sehstörungen auftreten.

Vitamin D ist für gesunde Zähne und Knochen unentbehrlich. Ein Mangel ist höchst selten, denn Alleinfutter enthält ge-

nug davon, und zugleich können es Katzen im Sonnenlicht selbst synthetisieren, weshalb die Kollegen mit Freilauf oder Balkonzutritt im Vorteil sind. Eine Überdosierung durch zusätzliche Vitaminpräparate ist wahrscheinlicher und kann zu Verkalkungen in Nieren und Gefäßwänden führen. Reich an Vitamin D sind insbesondere Leber, Lebertran und Fisch.

Vitamin E ist ein Antioxidans mit Zellschutz-Wirkung, das vor allem in Getreide und Nüssen enthalten ist und nur wenig in tierischen Nahrungsmitteln. Der Bedarf steigt bei fettreichem Fisch mit hohem Gehalt an ungesättigten Fettsäuren. Der regelmäßig übermäßige Genuß von Tunfisch in Öl ist also nicht ratsam.

Wasserlösliche Vitamine

Für die wasserlöslichen Vitamine C, H und des B-Komplexes besteht keine Gefahr der Überdosierung. Das bedeutet aber auch, dass keine größeren Mengen gespeichert werden können. Ein Mangel an den verschiedenen B-Vitaminen, die unterschiedliche Funktionen im Stoffwechsel erfüllen, zeigt sich schon innerhalb weniger Wochen. So hat die andauernde Unterversorgung mit Vitamin B1 Bewegungsstörungen zur Folge. Reichhaltig an B-Vitaminen sind besonders Leber, Fleisch und Hefe. Der höchst seltene Mangel an Vitamin H, auch unter dem Namen Biotin bekannt, führt zu glanzlosem Fell und Schuppen. In Sachen Vitamin C ist jede Katze ein Selbstversorger.

Auch Vitamine dürfen in keinem Futternapf fehlen.

Mineralstoffe

Stark auch ohne Nahrungsenergie

Auch für die Mineralstoff-zufuhr gilt: Die Mischung macht's!

Ohne Mineralstoffe und Spurenelemente wären die Knochen weich, das Blut wäre farblos und könnte keinen Sauerstoff transportieren. Anders als die Nährstoffe sind Mineralstoffe anorganische Substanzen und liefern keine Nahrungsenergie. Aufgrund der Menge im Körper und damit auch des Bedarfs an den Mineralien unterscheidet man zwischen „Mengenelementen", wie Kalzium und Magnesium, und „Spurenelementen", die nur in kleinsten Mengen benötigt werden, z. B. Eisen, Zink und Jod. Die Aufgaben der Mineralien sind sehr vielfältig.

Kalzium und Phosphor

Kalzium und Phosphor sorgen hauptsächlich in Knochen und Zähnen für Stabilität. Kalzium wird zudem für die Blutgerinnung, Immunabwehr, Muskeltätigkeit und Nervenfunktion benötigt, während Phosphor dem Stoffwechsel energiereiche Verbindungen liefert. Im Vergleich zur „Normalkatze" haben trächtige und besonders säugende Katzen einen höheren Bedarf an diesen Mineralstoffen. Bei Kalziummangel, durch Stress oder erhöhten Bedarf, kann es zu Störungen der Skelettentwicklung kommen, selten auch zu Muskelkrämpfen. Ungesund ist auch eine Überversorgung, da sie zu Harnsteinen und sehr selten auch zu Weichteilverkalkungen führen kann. Wichtig

bei der Kalziumversorgung ist auch das Verhältnis von Kalzium zu Phosphor im Futter: Es sollte 1,1 zu 1 betragen. Bei einseitiger Fleischfütterung (etwa mit Tartar), und damit verhältnismäßig viel Phosphor, kann es leicht zu Knochendeformationen kommen. Kalzium findet sich vor allem in Milchprodukten, wie Joghurt oder Magerquark oder Hüttenkäse, und rohen Knochen.

Magnesium und Natrium

Magnesium erfüllt wichtige Aufgaben im Muskel, im Energiestoffwechsel und bei der Funktion von Enzymen. Schwerer Magnesiummangel führt zu Muskelschwäche und Krämpfen. Eine Überversorgung hingegen erhöht die Gefahr von Harnsteinbildung. Futtermittel mit hohem Magnesiumgehalt sind Knochen, Fleisch, Fischmehl und Weizenkleie.

Natrium regelt zusammen mit Chlor und Kalium den Wasserhaushalt der Körperflüssigkeiten, ist wichtig für Nerven und am Nährstofftransport im Körper beteiligt. Die Balance zwischen Natrium (in Blut, Knochen und Nieren enthalten) und Kalium (in Fleisch ausreichend vorhanden) sollte ausgewogen sein. Ein Überschuss an Natrium und Chlor, z. B. durch zu salziges Futter, ist unbedenklich, dennoch sollte man sparsam damit umgehen.

Damit der Katzenkörper auch alles mitmacht, sind Mineralstoffe nötig.

Kein Futter!

Was die Katze nicht fressen darf

In der Regel sind Katzen ziemlich vorsichtig und prüfen recht penibel alles, bevor es verspeist wird. Daher stopfen sie selten Unbekömmliches in sich hinein – aber manchmal trügt der Schein, und manchmal kann schon Probieren zu viel sein …

In erster Linie gefährdet sind Jungtiere, da sie noch am Anfang eines unendlichen Lernprozesses stehen.

Gefährliches Grün

Vieles, das unser Auge erfreut, hat bei Katzen einen Unterhaltungswert der anderen Art und kann zudem das leibliche Wohlbefinden bis hin zu lebensgefährlichen Vergiftungen bedrohen.

Auf den Hinweis „vermutlich ungiftig" sollte man sich nicht verlassen. Man sollte sich auf jeden Fall mit den Symptomen einer Vergiftung vertraut machen und beim geringsten Anzeichen den Tierarzt informieren. Am besten duscht man auch als unbedenklich eingestufte Pflanzen zu Hause ausgiebig mit warmem Wasser ab, da – auch in Gärtnereien/Blumenhandlungen – oft routinemäßig giftige Substanzen gesprüht werden, um Schädlingsbefall vorzubeugen. Das

Risikofaktor Schneckenkorn

Auch wenn man, der Katze zuliebe, den Schnecken mit Bierfallen oder Handaufsammeln zu Leibe rückt, heißt es vorsichtig sein: Wenn sie auf der Pirsch auch auf die Nachbargrundstücke geht oder gar ihr Revier auf Felder ausdehnt, kann die Katze mit Schneckenkorn in Berührung kommen. Weil das tödliche Gift fatalerweise gut schmeckt, sind Todesfälle nicht selten. Bei den allerersten Symptomen – Zittern, Speicheln und Sabbern, krampfartiges Erbrechen – bitte sofort den nächsten Tierarzt aufsuchen, der bis zu einer Stunde nach der Giftaufnahme die Wirkung des Giftes noch durch Magenauspumpen und Brechmittel reduzieren kann.

gilt genauso für Katzengras oder als solches angebotenes Gras (Zyperngras etc.). Auch viele Schnittblumen sind entweder giftig oder wurden pestizidbehandelt. Diese Stoffe lösen sich auch gerne im Blumenwasser.

Keine Mahlzeit

Nichts auf dem Speiseplan einer Katze verloren haben

- gesalzene oder stark gewürzte Speisen oder Essensreste.
- Geräuchertes.
- konservierte Lebensmittel oder Fischmarinaden, die Benzoesäure enthalten.
- rohes Schweinefleisch.
- roher Fisch, rohes Geflügel, höchstens vorgefrostet (Salmonellen, Folgeschäden möglich) und unbedingt ohne Gräten bzw. ohne Knochen.
- Knochen, denn sie können splittern und alles Spitze kann den Gaumen verletzen, im Hals stecken bleiben oder die Darmwand perforieren.
- Hülsenfrüchte, Kohl etc., da sie unverdaulich sind und Blähungen verursachen.
- Zwiebelgewächse wie Speisezwiebeln, Lauch oder Schnittlauch. Sie enthalten giftige Substanzen. Sie schmecken einer Katze in der Regel sowieso nicht, aber Schnittlauch wird zur Not als „Katzengras" beknabbert.
- Süßigkeiten oder Süßspeisen (Zähne, Verdauung) bzw. alles, worin Alkohol enthalten ist (den kann der Organismus schlecht abbauen).

Nicht alles, was nach Nahrung aussieht, ist auch für die Katze gesund.

Katzenfutter selbst gemacht

- Ran an die Töpfe!
- Man darf auch vorkochen und einfrieren!

Bei selbstgemachten Leckereien kann kaum eine Katze widerstehen.

Sicherheitshalber sei vorab erwähnt, dass Katzen von unbekanntem Futter auf dem Teller meist nicht begeistert sind, besonders, wenn sie bisher außer Fertigfutter nur Fertigfutter kannten. Und hat man z. B. beim Kochen nie Häppchen vom rohen Schnitzel etc. abgegeben, kann es vorkommen, dass die Katze gar nicht weiß, was sie damit anfangen soll.

Der Fantasie sind fast keine Grenzen gesetzt. Abwechslung erreicht man durch variierende Gemüsesorten je nach Saison und dadurch, dass man einmal Reis und ein andermal Haferflocken etc. nimmt. Wenn die Katze ein Faible für Kräuter hat, lassen sich damit verschiedene Geschmacksnuancen erzielen. Was akzeptiert oder verweigert wird, muss getestet werden, im Notfall wechselt man nur das Frische – oder umgekehrt.

Zunächst ein paar Tipps – nicht nur für Barfer: Vom rohen Herz vom Rind, Lamm oder Geflügel vorher das Fett entfernen, es schmeckt nicht. Leber nur in kleinen Mengen roh geben, weil sie u. a. eine stark abführende Wirkung hat. Nieren sind Filterorgane für Schadstoffe und sollten a) nicht roh verfüttert und b) vor dem Garen einige Stunden in Milch eingelegt werden. Und: Kartoffelbrei eignet sich nicht zum Einfrieren, er ist stets frisch zuzubereiten.

Köstliche Eigenproduktion

Individuelle Küche

Grundrezept

Ein Teil Reis, Hafer-, Getreideflocken oder Maisgrieß mit zwei Teilen klein geschnittenem Gemüse (Karotten, Brokkoli, Spargel, Spinat etc., je nach Eigengeschmack mehr oder weniger, aber keine Lauch-/Zwiebelgewächse) zusammen mit einer Prise Salz und einem Esslöffel Butter sowie eventuell ein bisschen frischer Petersilie oder anderen Kräuter weich garen; danach gut vermischen, mit dem Garwasser die gewünschte Konsistenz herstellen und mit der Rohfleischration portionsweise einfrieren. Oder das Frische vor dem Servieren untermischen.

Der frische Futteranteil kann auch mitgegart werden, wenn man nichts Rohes geben möchte und die Katze gekochtes Fleisch akzeptiert.

Nach dem Auftauen Mineralstoff-Vitamin-Mischung jeweils

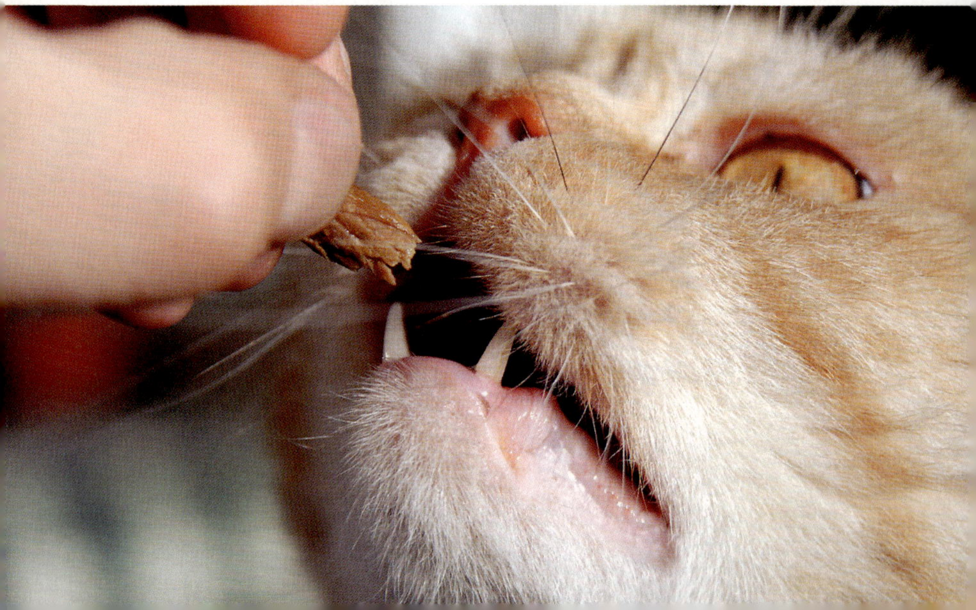

Es darf genascht werden!

frisch zusetzen und handwarm servieren. Vitaminhefeflocken kann man auch drüberstreuen.

Shorties

Die folgenden Rezeptvorschläge eignen sich besser zum frischen Verzehr, können aber auch gekühlt aufbewahrt oder auch vorgefrostet werden, weil die Mengenangaben mehrere Portionen ergeben. Aufwärmen nicht vergessen! Die Mineralstoff-Vitamin-Mischung darf, falls es sich nicht um Alltagskost handelt, ausnahmsweise weggelassen werden.

- 200 g Fisch ohne Gräten in etwas Salzwasser (1 Prise) garen, mit 1/4 Tasse gekochtem Reis und 1 TL Butter verrühren. Falls zu trocken, Garwasser zufügen.
- 100 g Lammfleisch in etwas Öl rundherum rosa anbraten (wenn es „durch" sein soll, vorher kleinschneiden), mit ein paar Kräutern und etwas Fleischbrühe kurz köcheln lassen und z. B. mit etwas Kartoffelbrei servieren.
- 1 Hühnerbrüstchen in 1 TL Butter weich dünsten, kleinschneiden und alles mit 1 EL gekochter Teigwaren und 1 TL Eigelb vermischen.
- 200 g kleingeschnittene Hühnerherzen mit 1 EL gehackter Leber kurz in Butter anbraten, dazu 1/4 Tasse gekochten Reis, mit Frischkäse nach Geschmack verfeinern.
- 100 g Rinderhack mit 100 g kleingeschnittenem Rinderherz kurz in heißer Butter oder Öl schwenken, beiseitestellen; 1–2 geraspelte Möhren und 1 EL Spinat ins Fett geben, mit etwas Brühe aufgießen, weich garen und dann vermischen.
- 100 g gekochten Schinken und 1 hart gekochtes und kleingeschnittenes Ei, 1 Prise Salz, 1 Tomate (aus der Dose) mit so viel Joghurt vermischen, dass eine schöne Konsistenz entsteht.

Rezepte für die Katz'

Samtpfoten sind richtige Schleckermäuler

Manch Stubentiger wartet gerne auf das frisch zubereitete Futter.

Gefüllte Pfannkuchen

Zutaten:

2 EL Mehl
2 Eier
Stilles Mineralwasser
Milch
Salz
Frische Kräuter
1 EL Trocken- oder Feuchtfutter

Zubereitung:

Das Mehl, die Eier, einen Schuss stilles Mineralwasser und einen Schuss Milch (evtl. Katzenmilch) mit einer Prise Salz zu einem flüssigen Teig verrühren und kleingeschnittene frische Kräuter dazugeben. Dann in der Pfanne hauchdünne Pfannkuchen ausbacken und abkühlen lassen.
Den Esslöffel Fertigfutter gleichmäßig darauf verteilen und vorsichtig zusammenrollen. Entweder in dicke Scheiben geschnitten oder am Stück servieren.

Deftige Wintersülze

Zutaten:

Kalbsfuß
2 Hühnerflügel
Möhren
Kräuter

Zubereitung:

Vor allem für Freilaufkatzen zum Energieauftanken geeignet.

Zuerst zersägten, gespaltenen Kalbsfuß auskochen, warm abgießen und die Brühe etwas reduzieren. In der Brühe zwei Hühnerflügel kochen und entbeinen. Fleisch, Haut und gekochte und klein geschnittene Möhrchen mit der Brühe in eine Form geben. Erkalten lassen und vorsichtig die Fettschicht abtragen. Scheibenweise mit ein paar Kräutern darüber servieren.

Antipasti per il Gatto

Zutaten:

Calamari
1 hartgekochtes Eigelb
1 EL Olivenöl

Zubereitung:

Kleine Calamari in schmale Streifen schneiden und eine Minute in sprudelndem Wasser kochen. Abkühlen lassen. Ein kleingehacktes Eigelb in einen Esslöffel Olivenöl geben und mit der Soße die Tintenfischstreifen beträufeln.

Lammtortillas mit Rahmsoße

Zutaten:

1/2 Tasse Reis
150 g Lammhack
1 Eigelb
Frische Kräuter
Butter
Quark
Milch

Zubereitung:

Den Reis in Wasser kochen und abkühlen lassen. Lammhack (oder kleingeschnittenes Lammfleisch) dazugeben und mit dem Eigelb vermengen. Nach Geschmack gehackte Kräuter dazugeben. Kleine Bällchen aus der Masse formen und diese in Butterfett braten. Abkühlen lassen und (geschnitten) servieren. Herrlich dazu ist eine zähe dicke Sauce aus Quark und einem Schuss Milch.

Thunfischpastete

Zutaten:

200 g Thunfisch in Öl
2–3 Sardellenfilets
2 EL geriebenen Käse
1 Ei
60 g eingeweichte Haferflocken

Zubereitung:

Den Thunfisch mit einer Gabel zerdrücken, die kleingeschnittenen Sardellen daruntermischen und das Ganze im Mixer cremig rühren. Käse und Ei unterziehen, die eingeweichten Haferflocken ausdrücken und mit der Fischmasse vermengen. In eine Pastetenform geben und abdecken. Im Wasserbad im Backofen bei 180 °C 40 Minuten fest werden lassen. Lauwarm servieren.

Vorrats-Leckerbissen

Zutaten:

300 g Rinderhack
200 g gekochten Reis
1 Ei
Semmelbrösel

Zubereitung:

Rinderhack und gekochten Reis mit einem Ei binden und zu kleinen Kugeln formen. In Semmelbrösel wälzen und in kochendes Wasser geben. Topf vom Herd nehmen und die Katzenknödel zehn Minuten im heißen Wasser garen lassen. In kleinen Portionen einfrieren und als Mini-Überraschungen nach Bedarf ein bis drei Kügelchen geben.

Pute mit Reis und Karotten

Zutaten:

1 Putenschnitzel
1 kleine Karotte
1 EL Reis
1/2 TL Jodsalz

Zubereitung:

Das Putenschnitzel in Stücke schneiden, mit den anderen Zutaten mit Wasser bedeckt kochen, bis es schön weich ist. Lauwarm servieren.

Hühner-Risotto

Zutaten:

Gebratenes Hühnchen
Vorgekochten Reis und Ebly-Weizen
Butter
Babykarotten
Schlagsahne

Zubereitung:

Gebratenes Hühnchen von sämtlichen Knochen lösen und in feine Streifen schneiden. Gekochten Reis mit etwas gekochtem Ebly-Weizen vermischen, kurz in Butter anbraten, Babykarotten untermischen und ganz zum Schluss die Hühnerstreifen darunterziehen. Einen winzigen Schuss Schlagsahne darübergießen und lauwarm in der Schale servieren.

Herzchen auf Reis

Zutaten:

1–2 EL Reis
Hühnerherzen
1 Möhre
1–2 EL Sahne

Zubereitung:

Pro Katze 1–2 Esslöffel Reis garkochen und abkühlen lassen. Eine Handvoll Hühnerherzen kochen oder braten und ebenfalls abkühlen lassen. Eine große Möhre feinraspeln und dünsten, dann zum Reis geben. Vor dem Anrichten kann man 1–2 EL Sahne darunterziehen, bei übergewichtigen Katzen diese weglassen. Die Hühnerherzen auf den Reis setzen.

Sardinen-Reis-Ragout

Zutaten:

Leber
Ölsardinen
50 g Petersilie
170 g gekochter Reis

Zubereitung:

Die Leber in kleine Happen schneiden, 15 Minuten lang kochen und anschließend trockentupfen. Einen Esslöffel dieses Leberfrikassees mit zwei flachen, zerstoßenen Ölsardinen, gehackter Petersilie und gekochtem Reis vermengen. Lauwarm servieren.
Wenn etwas übrig bleibt, den Rest im luftdichten Behälter im Kühlschrank aufbewahren.

Katzen-Kekse

Zutaten:

125 g Weizenmehl
100 g Margarine
1 TL Melasse (aus Reformhaus oder Bioladen)
30 g Katzenflocken (Hefe oder Vitamine)

Zubereitung:

Margarine und Melasse schaumig rühren, das Mehl löffelweise einrühren und zum Schluss die Katzenflocken untermischen. Den Teig zu einer Kugel formen und im Kühlschrank 15 Minuten ruhen lassen. Anschließend den Teig ausrollen, Plätzchen in gewünschter Form ausstechen und auf ein eingeöltes Backblech geben. Mit Trockenfutter verzieren. Bei 180 °C in 8–10 Minuten backen und abkühlen lassen.

Quickies

Schnelle Leckereien

Krabbencocktail

Zutaten:

2–3 Krabben
Süße Sahne
Kräutermagerquark

Zubereitung:

Wenn sich die Familie einen Krabbencocktail gönnt, kann man einfach zwei bis drei der gepulten Krabben abzweigen und auf einem mit süßer Sahne cremig gerührten Kräutermagerquark anrichten. Absolutes Festessen auch für die verwöhntesten Miezen.

Milchparfait mit Keks

Zutaten:

Fläschchen Katzenmilch
1 Ei
Päckchen Kitbits

Zubereitung:

Köstliche Kühlung für sehr heiße Tage. Ein Fläschchen Katzenmilch mit einem gut verquirlten Ei mischen und ein Päckchen Kitbits in die Masse rühren. Das Ganze einige Stunden in der Tiefkühltruhe hart werden lassen, dann angetaut noch einmal cremig rühren und mit dem Eisportionierer zwei Kugeln anbieten.

Der Gute-Besserung-Brei

Zutaten:

Hühnchenbrust
Hühnerbrühe
Vitaminflocken
Olivenöl

Zubereitung:

Altersschwache Katzen und solche, die kaum noch (oder keine) Zähne haben, brauchen energiereiche, wohlschmeckende Extra-Kost, die ihnen Kraft und Lebensmut zurückgibt.
Im Mixer gekochte Hühnchenbrust zerkleinern und mit Hühnerbrühe zu einem Brei verrühren, feine Vitaminflocken und einen halben TL kaltgepresstes Olivenöl dazugeben.

Katzen-Küsschen

Zutaten:

30 g geräucherter Lachs

50 g Doppelrahmfrischkäse
1 EL Magermilchpulver
Zubereitung:
Räucherlachs ganz fein schneiden und mit einer Gabel mit dem Frischkäse gründlich vermischen. Aus der Fisch-Käse-Mischung zehn bis zwölf Kugeln formen und von allen Seiten in Magermilchpulver rollen. Die delikaten Katzen-Küsschen sind vier bis fünf Tage haltbar, wenn sie in einem geschlossenen Gefäß im Kühlschrank aufbewahrt werden.

Bunter Plätzchen-Teller

Zutaten:
Back-Oblate
Eiweiß
Trockenfutter, Katzenpaste
Zubereitung:
Einfach auf jede Oblate mit geschlagenem Eiweiß ein Katzenbonbon oder einen Trockenfutterbrocken kleben. Oder einen Klecks leckere Katzenpaste. Weil Katzen auch mit den Augen essen, werden aus alltäglichen Goodies auf diese Weise Extra-Delikatessen.

Schnelles Futter muss nicht immer Fertigfutter sein.

Besondere Ansprüche

- andere Bedürfnisse bei Wohnungs- und Freilaufkatzen
- altersgerechte Ernährung

Nicht nur alte Damen haben spezielle Anforderungen an die Inhaltsstoffe.

Nicht jede Katze stellt die gleichen Ansprüche, manche Änderungen sind aber altersbedingt. Eine frisch entwöhnte Babykatze stellt andere Anforderungen an Nährstoffe, Vitamine und Mineralstoffe als eine erwachsene, da sie noch viel Energie in das Wachstum stecken muss. Das Futter einer Wohnungskatze muss auch Inhaltsstoffe enthalten, die eine Freigängerin „unterwegs" mitnimmt. Außerdem hat sie einen geringeren Energiebedarf, da ihr Revier wesentlich kleiner ist. Im Alter stellt sich der gesamte Stoffwechsel um und schaltet einen Gang zurück. Und auch hier muss auf eine ausreichende Versorgung mit Vitalstoffen geachtet werden, damit die Katze ihren Lebensabend möglichst lange genießen kann.

Egal ob in der Wohnung oder der freien Natur, jeder Halter sollte, sofern es in seiner Macht steht, darauf achten, dass die Katze möglichst keine giftigen Pflanzen in Reichweite hat. Ein falsches Blatt kann zu schweren Vergiftungen führen.

Auf was in welcher Lebenslage geachtet werden muss und wie man die sonst in Sachen Futter so störrischen Samtpfoten zu einer Nahrungsumstellung bringen kann, wird auf den nächsten Seiten gezeigt.

Spanndende Welt der Jungkatzen

Nach der Muttermilch – ran an die Fleischtöpfe

Was junge Katzen brauchen

Die Verantwortung liegt hier zunächst beim Besitzer von Mutter und Kindern, und nach Vergabe des Kätzchens (in der Regel ab der 13. Lebenswoche, wenn die Grundimmunisierung mittels Impfungen abgeschlossen ist) wird der neue Halter in die Pflicht genommen. Grundsätzlich sollte ein Kätzchen bis zum Abschluss der Wachstumsphase Kitten-Nahrung serviert bekommen – aber nicht darüber hinaus. Gut ernährt und fit hat nichts mit fett zu tun, also bitte nicht mästen. Und weil die Entwicklung von Rasse zu Rasse und von Katze zu Katze in der Regel unterschiedlich abläuft – auch innerhalb eines Wurfes –, ist der gesunde Menschenverstand gefragt.

Die ersten Lebenswochen

Während der ersten vier Wochen ist Muttermilch der Lebensquell für Katzenkinder. Die Milchmahlzeit steckt voller Nährstoffe, enthält wichtige Abwehrstoffe und schmeckt köstlich. In dieser Zeit benötigen die Säuglinge keine zusätzliche Nahrung. Danach aber heißt es: ran an den Futternapf. Die ersten getöteten Beutetiere bringt eine frei laufende Bauernhofkatze ihren Kleinen, sobald sie etwa vier Wochen alt sind, und lässt sie darauf herumkauen. Für die Versorgung der Hauskätzchen ist der Halter zuständig: In der vierten Lebenswoche reduzieren sich die Saugakte auf etwa sieben innerhalb von 24 Stunden. Je nach Anzahl der Kitten und körperlichem Zustand der Mutter sollte spätestens ab diesem Zeitpunkt „feste" Nahrung angeboten werden. Wird diese akzeptiert, sollte die Flüssigkeitsmenge für die Mutter entsprechend reduziert werden, um die Milchproduktion langsam zu drosseln und Milchstau zu verhindern.

Erfahrungsgemäß ist zu Beginn Breinahrung am besten (ideal ist Kittenaufzuchtmilch oder Sahne, 1:2 mit warmem Wasser verdünnt), angereichert mit Hafer- oder Reisschleim.
Zusätzlich kann geschabtes Fleisch, gekochtes, passiertes Hühnchen oder etwas Dosennahrung, sämig verdünnt mit warmem Wasser, extra gereicht oder unter den Brei gemischt werden – auf Abwechslung achten!
Stellt sich Durchfall ein, hilft zumeist mehr Wasser im Brei. Durch die tägliche Gewichtskontrolle lässt sich prüfen, ob die Kätzchen weiter zunehmen oder das Gewicht konstant bleibt. Gibt sich das nach spätestens zwei Tagen nicht oder ein Kätzchen nimmt ab, sofort den Tierarzt konsultieren.

Standfestes Kindergeschirr

Katzenbabys saugen im Liegen mit erhobenem Köpfchen. Beim Futteraufnehmen auf dem Teller müssen sie aber den Kopf senken. Manche haben das sofort heraus, manchen muss man das zeigen: zum Beispiel einen kleinen Löffel dicht unter die Nase halten, und wenn sie dran lecken, langsam senken. Man kann auch etwas davon auf die Lippen streichen,

Ab der fünften Woche darf auch der Nachwuchs langsam mal an den Futternapf.

ein winziges Fleischkügelchen seitlich ins Mäulchen schieben oder das Köpfchen sachte nach unten drücken. Hier ist Geduld gefragt, wenn's nicht gleich klappt.

Als Behältnis für die Kinderkost eignen sich besonders Keramikschüsseln mit 3 cm hohem Rand und 19 cm Durchmesser. Groß und standfest ermöglichen sie gemeinsame Mahlzeiten und lassen sich dabei nicht so leicht umkippen.

Drei bis vier Mal täglich gibt's Beikost. Futtern dürfen die Kleinen, so viel sie wollen. Nach einer Stunde werden die Futterreste entsorgt (sie dürfen nicht noch einmal angeboten werden) und die Schüsseln gründlich mit heißem Wasser gereinigt. Kätzchen bekommen immer alles frisch angeboten, aber bitte nie kalt aus dem Kühlschrank, sonst sind Magen-Darm-Probleme vorprogrammiert. Mit Beginn der Beikost wird auch Trinkwasser serviert. In der Regel setzt die Katzenmutter ihre Jungen ab, wenn sie sechs oder acht Wochen alt sind. Mittlerweile haben sich die Kleinen an das Fressen fester Nahrung gewöhnt und decken dadurch nun vollständig ihren Nährstoffbedarf.

Kalorienverbrauch von Katzenkindern

Das Kittenfutter bleibt jetzt unzerkleinert. Auch mit dem Anmischen mit Milch sollte man aufhören, denn nach dem Absetzen von der Muttermilch können die Katzenkinder den Milchzucker immer schlechter verdauen. Die Zugabe von Milch kann daher Durchfall verursachen. Wichtig ist, dass die heranwachsenden Kätzchen auch ausreichend mit Mineralstoffen und Vitaminen versorgt werden. Ein Mangel an Kalzium beispielsweise würde schnell zu Störungen im

Futtern wie die Großen

Mit Eintritt der Geschlechtsreife – bei vielen Katzenrassen im Alter von sechs bis acht Monaten, bei Siamesen zumeist früher, bei mittelschweren Rassen wie Britisch Kurzhaar zwischen dem achten und 13. Monat und bei Spätentwicklern und großformatigen Rassen wie der Maine Coon in der Regel deutlich später – kann die Jungtierentwicklung als abgeschlossen betrachtet werden. Mittlerweile haben die Kleinen ja schon mit dem Futter für die „Großen" Bekanntschaft gemacht, und deshalb ist nun endgültig Schluss mit Babybrei und Aufbaunahrung.

Knochenwachstum führen. Ein gutes Kitten-Fertigfutter muss alles enthalten, Ergänzungen sind darum zu viel des Guten. Solange sie nicht zu schwer werden, dürfen die Kätzchen nach Herzenslust fressen. Im Alter von acht oder neun Monaten sind die Katzenkids dann reif für die Erwachsenenkost.

Bis das Kätzchen groß und stark ist, braucht es noch besondere Kitten-Nahrung.

Raus aus den Kinderschuhen

Da der Energie-, Eiweiß- und Vitaminbedarf kleiner Kätzchen im Alter von zehn/zwölf Wochen sehr hoch ist, werden rund 90 % der Energie für das Wachstum benötigt und nur vier bis neun Prozent beim Spielen „verbraucht". Deshalb sollten nur biologisch hochwertige Nährstoffträger verwendet werden.

Bis zur zwölften Woche sollte ein gesundes, lebhaftes Kätzchen rund um die Uhr Zugang zum Futter haben, danach kann langsam auf fünf- bis bleibend dreimal täglich umgestellt werden, wobei die Morgen- und die Abendmahlzeit reichlicher ausfallen sollten. Das müsste in Verbindung mit einem „Betthupferl" auch für Berufstätige einzurichten sein.

Wechselt ein Kätzchen zum neuen Besitzer, wird der Züchter eine Futterliste mitgeben. Viele Kätzchen scheinen diese Gelegenheit zu nutzen, alles Gewohnte plötzlich weniger toll und schmackhaft zu finden. Das ist nicht weiter schlimm, man kann ruhig Alternativen ausprobieren.

Wird alles gut vertragen, darf man auch kreativ sein, solange das Futter abwechslungsreich gestaltet wird. Ideal wäre, Frisches mit (Kitten-) Dosenfutter abzuwechseln oder beides zu mischen, weil dann kaum Mineralstoffe und Vitamine zugesetzt werden müssen. Achtung bei Vitaminpaste: Sie kann stark sättigen und die Katze mangels Hungergefühl heikel werden lassen.

Fütterung von Wohnungskatzen

Für gesunde, normalgewichtige, erwachsene Katzen

Die meisten unserer Samtpfoten sind Wohnungskatzen, von denen nur einige ein Außengehege zur Verfügung haben. Sofern das Auslaufgebiet nicht parkähnliche Ausmaße hat oder ein Mäuse-Eldorado ist, macht das in Bezug auf die Ernährung aber wenig Unterschied.

Die Trockenfutter-Falle

Inzwischen ist im Fachhandel auch maßgeschneidertes Fertigfutter für „Indoor"-Katzen erhältlich, sowohl als Nass- als auch als Trockenfutter. Vor allem Berufstätige entscheiden sich gern für Letzteres, weil es praktisch ist und Mieze es auch gern isst. Hat sie jederzeit Zugang zum Futter, ist das nicht gut. Es droht Übergewicht, weil sich das Sättigungsgefühl viel später einstellt als bei Nassfutter. Da es bei heißem Wetter nicht so schnell verdirbt wie Feuchtfutter, ist Trockenfutter dennoch eine gute Alternative. Man sollte auf qualitativ hochwertiges Futter achten und auf die richtige Lagerung. Wenn es im preisgünstigen Vorratssack zu warm wird, kann das Fett ranzig werden – es „schwitzt" und glänzt.

Gesunde Ernährung

In vertretbaren Maßen angeboten bzw. in die tägliche Gesamtfuttermenge eingerechnet, verhelfen gesunde Zusätze zu schönem Fell und zu Wohlbefinden. Was die Katze bevorzugt, muss man testen.

Milchprodukte: Täglich ein Löffel Quark, Joghurt, Frischkäse etc. unterstützt auch die Verdauung.

Milch: Ist KEIN Getränk, sondern Nahrung! Von klein auf daran gewöhnt, wird sie auch später meist gut vertragen. Wird Durchfall ausgelöst, oft auch bei der laktosereduzierten Katzenmilch, kann man es mit leicht verdünnter süßer Sahne versuchen.

Stubentiger haben einen anderen Vitalstoffbedarf als Freigänger.

Butter: Ein halber bis ein ganzer Teelöffel pro Tag hält den Stuhlgang in Schwung (ebenso hin und wieder z. B. etwas Sardinenöl im Futter). Achtung: Bei Darmkatarrh jegliches Fett streichen!

Eigelb: Ein kleiner Löffel voll (roh oder halbweich) wöchentlich muss reichen; Eiweiß niemals roh geben!

Käse: Da kehrt Mieze gern den Feinschmecker heraus. Einige Stückchen genügen.

Kräuter: Eine Prise davon im Futter – manche mögen es, manche nicht. Bitte keine Zwiebelgewächse.

Vitamin-Hefeflocken: Sie werden fast ausnahmslos geschätzt, und jede Mahlzeit darf damit herzhaft „gezuckert" werden.

„Richtige" Leckerchen von Vitaminpaste bis Trockenfisch und was es sonst noch alles gibt, müssen (in der empfohlenen Menge) nicht fehlen – einzeln geworfen sorgen sie außerdem für etwas Bewegung und kommen dem Jagdtrieb der Katze entgegen.

Gras darf nicht fehlen

An Katzenzungen in ihrer Funktion als Waschlappen und Haarbürste bleiben unweigerlich Haare hängen, die heruntergeschluckt werden. Im Verdauungstrakt knäueln sie sich zu Haarklumpen zusammen. Mit dem Fressen von Grashalmen leiten Katzen einen Selbstreinigungsprozess ein. Selbst die Haarballen, die nicht mehr erbrochen werden können, profitieren von dem Grünzeug. Das vertilgte Gras dient dann als Ballaststoff und fördert die Darmbewegung.

Eine Katze mit Auslauf wird sich das passende Gras draußen selbst suchen. Praktisch für Balkonbesitzer ist Rollrasen. Man kann Stücke davon in große, flache Pflanzschalen oder auch geräumige (leere) Katzenklo-Unterschalen, mit einer Schicht Aufzuchterde versehen, setzen. Diese schnell wachsende Mini-Wiese, die regelmäßig mäßig gegossen werden muss, ist nicht nur als Liegewiese bequem, sondern auch eine hervorragende Grasquelle für die Hauskatze. Für die Fensterbank eignen sich Grasbüschel in Tontopf oder Schale.

Spezielles Katzengras, sogar in Bio-Qualität, kann man fertig in Zoofachgeschäften besorgen. Das meist unter der Bezeichnung Katzengras angebotene Zyperngras ist für einen Katzenhaushalt nicht zu empfehlen, denn an den scharfkantigen Stengeln des Riedgrases können sich Katzen böse Verletzungen zuziehen.

Wohlgenährt?

Eine gut und ausreichend ernährte Katze ist dem Alter entsprechend aktiv. Falls sie lustlos herumhängt, macht man zunächst den Rippen-Test: Fühlt sich der Körper fest an und die Rippen sind nur bei leichtem Fingerdruck spürbar? Dann hat sie kein Übergewicht und man sollte den Tierarzt fragen, ob die mangelnde Bewegungsfreude als Ursache

Weg mit dem Speck

Der Stoffwechsel kann mehr als 100 Gramm Gewichtsverlust pro Woche (als Idealziel) nicht verkraften. Daher Hände weg von Methoden wie Hungertagen oder drastisch reduzierten Portionen, die zu Unterversorgung an Nährstoffen und Vitaminen, Gefährdung der Stoffwechsel-Balance und schweren Leberschäden führen. Außerdem macht sie das schlecht gelaunt, unglücklich oder sogar aggressiv. Keine Diät kann als alleinige Maßnahme etwas ausrichten, wenn sie nicht mit mehr Bewegung verbunden ist. Man sollte zunächst versuchen, mehrmals täglich geduldig ihr Interesse zu wecken, so lange, bis aus der Augengymnastik ein gezielter Schlag mit der Pfote wird. Das ist schon der halbe Sieg, den man langsam auf täglich zweimal zehn bis 15 Minuten ausbauen kann. Und wenn es der Katze länger oder häufiger Spaß macht, ist das ein wunderbares Indiz dafür, dass auch der Diätplan passt und die Rechnung aufgegangen ist. Man sollte sich über jeden Erfolg freuen, und sei er noch so klein!

Auch Samtpfoten halten gerne mal ein Verdauungsschläfchen.

eine gesundheitliche Störung hat. Eine Katze, deren Rippen sichtbar hervorstehen beziehungsweise deren Haut sich nicht mehr darüberspannt, muss dringend in tierärztliche Behandlung.
Besonders Einzelkatzen leiden auch unter Langeweile. Häufig entwickeln sie sich zu Frustfressern. Etwas mehr Zeit zum Schmusen und für ein paar interaktive Spielchen nehmen, damit die Katze nicht auf dumme Gedanken kommt.

Schlanke Katzen leben länger

Übergewicht ist heute die häufigste ernährungsbedingte Erkrankung der Katze. Eine Studie hat ergeben, dass fast ein Drittel der Tierbesitzer die Fettleibigkeit ihrer Katze gar nicht als solche wahrgenommen hat und deshalb nichts dagegen unternommen hat. Hauptursache ist meist, dass die Katze oft eine Ersatzfunktion für zwischenmenschliche Beziehungen übernimmt und Futter als Stimulans für Aufmerksamkeit und Zuwendung benutzt wird. Spielorientierte Katzenbesitzer neigen trotz vergleichbar enger Beziehung zu ihrem Tier weit weniger dazu, es zu überfüttern.

Übergewicht macht krank

Fettleibigkeit belastet das Herz-Kreislauf-System und die Leber, den Stoffwechsel sowie die Gelenke beträchtlich. Außerdem erhöht sie das Risiko für Diabetes mellitus und begünstigt die feline idiopathische Lipoidose (eine krankhafte Störung des Fettstoffwechsels), falls man eine Hungerkur erwägt. Abspeckmaßnahmen sollten in jedem Fall mit dem Tierarzt abgesprochen und unter Beobachtung durchgeführt werden.

Fütterung von Freilaufkatzen

Die richtige Balance finden

Die meisten Katzen lieben es, draußen umherzustreifen, und wenn man in einem „sicheren" Umfeld wohnt, verwehrt man ihnen das ungern. Voraussetzung ist, dass man mit dem ständigen Gefühl einer gewissen Unsicherheit leben kann.

Drei wichtige Tipps

Erstens: Katzen bitte nur kastriert frei laufen lassen! Man wird maximal beim ersten Mal Freude haben, wenn die Kätzin trächtig nach Hause kommt. Viel zu oft wird potenten Freigängern ihr Liebesleben zum Verhängnis, und sie landen auf der Straße oder unterm Auto. Aber auch die Besitzer von Katern tragen Verantwortung. Die Flut ungewollten Nachwuchses trägt zum Elend der Katzen und zur Überfüllung der Tierheime bei.

Zweitens: Korrekter Impfschutz, Parasitenschutz und regelmäßiges Entwurmen sind Pflicht für Freigänger – nicht nur, wenn kleine Kinder im Haus sind, sondern immer.

Drittens: Ein Halsband mit Namen und der Telefonnummer unterscheidet die Familien-Mieze vom heimatlosen Streuner. Und sie könnte ja auch mal verloren gehen oder in einen Unfall verwickelt sein.

Speisezettel für Wanderfreudige

Das oberste Gebot lautet: Qualität geht vor Quantität, weil

Kostgänger

Kommt anfangs nur eine Gast-Katze, scheint sich das schnell rumzusprechen. Möchten man kein Billigangebot in die Näpfe kippen, lässt sich gutes Nassfutter z. B. mit Reis, Haferflocken, kleingeschnittenen Teigwaren oder Grießbrei „strecken". Trockenfutter wird oft auch in Wasser eingeweicht genommen. Eine große Schale frisches Wasser sollte trotzdem nicht fehlen. Und hinsichtlich „gesunder Zusätze" ist der Fantasie natürlich keine Grenze gesetzt.

das Revier einer Freilaufkatze ziemlich groß sein kann und sie extrem viel Energie verbraucht. In schneereichen Wintern reduziert sich der Aktionsradius und sie setzt Fett an, das im Frühjahr wieder verschwindet. Keine Sorgen also.

Je nach Angebot und Beschaffenheit der Beute bestimmt sie instinktiv selbst, was sie „braucht“, um gesund und fit zu bleiben. Also ist es möglich, dass sie entweder Dosenfutter ablehnt oder es bevorzugt, was jahreszeitlich bedingt variieren kann, oder Bedarf an „Ausgleichendem“ hat, zum Beispiel, um die Verdauung im Lot zu halten oder einen eventuellen Mangel zu beheben.

Nicht zuletzt um sie ans Haus zu binden, sollte man ihr entweder stets Zugang zu hochwertigem Futter gewähren, wozu sich Trockenfutter oder ein Futterautomat gut eignet, oder sie darauf trainieren, halbwegs pünktlich zu den Mahlzeiten auf der Matte zu stehen. Die besten Karten hat man, sofern das machbar ist, sie bei jedem Aufkreuzen mit Leckerbissen von Hand zu ködern, und seien es nur Häppchen. Ein wenig mühselig ist es, doch dafür gibt es die Gewissheit, dass ihr zumindest bis jetzt nichts passiert ist. Am besten wäre es, wenn sie abends heimkommt und danach die Tür bis zum nächsten Morgen geschlossen bleibt. Im Prinzip ist alles eine Frage der Gewohnheit.

Katzen auf Freigang haben zwar ein größeres Angebot, dürfen aber trotzdem nicht alles fressen.

Giftige Pflanzen

Hübsch, aber giftig!

Achtung: Auch wenn diese Pflanzenliste auf aktuellen Erkenntnissen beruht, so erhebt sie doch keinen Anspruch auf Vollständigkeit. Bei einer ganzen Reihe davon wird Toxin vermutet oder auch nachgewiesen, allerdings wurden keine Vergiftungsfälle bekannt. Hier zwei umfangreiche Datenbanken, in denen man sich schlau machen kann:
www.vetpharm.unizh.ch/perldocs/toxsyqry.htm
www.giftinfo.uni-mainz.de/Deutsch/pflanzen/Pflanzen-Index.html

A

Adonisröschen, Agave, Aloe-Arten, Alpenveilchen, Amaryllis, Ampelkraut, Ananas, Anemone, Asparagus, Azalee

B

Begonie, Belladonnalilie, Berberitze, Berglorbeer, Besenginster, Blauregen, Blumenzwiebeln, Bogenhanf, Bootspflanze, Bromelie, Buchsbaum, Buntblatt, Buntnessel, Bärenklau

C

Calla, Christdorn, Christrose, Chrysantheme, Clematis-Arten, Clivia, Cotyledon

D

Dieffenbachia, Dipladenia, Dolden- oder Scheinrebe

E

Eberesche, Efeu, Efeutute, Eibe, Einblatt, Eisenhut, Engelstrompete

F

Fensterblatt, Fetthenne, Fingerhut, Flamingoblume, Flammendes Käthchen, Fleißiges Lieschen, Fuchsia-Hybriden, Fuchsschwanz

G

Geißblatt, Geranie, Giftwacholder, Ginster, Glanzkölbchen, Glyzinie, Goldregen, Goldtrompete, Grünlilie, Gummibaum-Arten

H

Heckenkirsche, Heliotrop, Herbstzeitlose, Hortensie, Huckepackblume, Hyazinthen

Warnung vor Teebaumöl

Immer wieder werden in Tierarztpraxen Katzen mit Teebaumöl-Vergiftung vorgestellt. Die Symptome reichen von Zittern, Unruhe und Taumeln bis zu Gewichtsverlust. Da Katzen die enthaltenen Terpene und Phenole nur schwer abbauen können, sollte Teebaumöl keinesfalls bei Katzen angewendet werden.

I

Iris

K

Kaffeebaum, Kaiserwinde, Kakteen, Kanonierblume, Katzenschwanz, Kolbenfaden, Korallenbeere, Krokus, Kroton

L

Lanzenrosette, Lebensbaum, Liguster, Liliengewächse, Lorbeerkirsche, Löwenzahn

M

Madagaskarpalme, Madonnenlilie, Maiglöckchen, Mauerpfeffer, Mistel, Monstera

N

Nachtschattengewächse, Narzissen, Nesselschön

O

Oleander, Osterglocke

P

Palmfarn, Passionsblume, Pfaffenhütchen, Philodendron, Prunkwinde, Purpurtute

S

Schefflera, Schlafmohn, Schneebeere, Schneeglöckchen, Schwertlilie, Seidelbast, austral. Silbereiche, Spindelstrauch, Springkraut, Stechapfel, Stechpalme, Strahlenaralie

T

Tabak, Thuja, Tigerlilie, Tollkirsche, Trichterwinde, Tulpe, Türkenbundlilie

U

Usambaraveilchen

V

Vanilleblume

W

Waldrebe, Wandelröschen, Wasserranke, Wasserstrauch, Weihnachtsstern, Wicken, Wolfsmilcharten, Wunderstrauch

Z

Zierhopfen, Zierpaprika, Zierpfeffer, Zierspargel, Zimmerahorn, Zimmeraralie, Zimmerlinde, Zwergmispel, Zwergpfeffer

Ernährung von Seniorenkatzen

Andere Ansprüche im Alter

Eines steht fest: Man kann nicht verhindern, dass die Katze altert, auch wenn man es vielleicht möchte. Man kann die Katze aber dabei unterstützen, bei guter Gesundheit zu altern. Ihre Lebensqualität und ihre Vitalität kann so lange wie möglich erhalten werden – durch regelmäßige Gesundheitschecks, viel Rücksicht und Liebe sowie mit der richtigen Ernährung. Bestimmte Funktionen und Prozesse im Körper verändern sich im Alter, und darauf sollte man reagieren. Das Alter ist eine individuelle Sache. Wann eine Katze alt ist, ist wie beim Menschen sehr verschieden. Nicht nur das biologische Alter spielt eine Rolle, sondern auch die körperliche Verfassung.

Rüstige Rentner

Alternde Katzen haben einen gesteigerten Bedarf an Mengen- und Spurenelementen sowie Vitaminen und das Angebot sollte erhöht werden. Im Gegensatz dazu verringert sich der Nährstoffbedarf (Energie), weshalb vom Tierarzt in der Regel eine schrittweise Anpassung an Passendes empfohlen wird. Es gibt fertiges Futter für gesunde Oldies, das man der Senioren-Katze anbieten kann. Trotzdem sollte man fortan das frustrierte Tier nicht einfach mit Neuem plagen, sondern hinterfragen, ob der Nutzen wirklich in Relation zur (meist) schwer betroffenen, seelischen Harmonie steht. Falls die Katze sich nur noch sehr wenig bewegt und gerne frisst, wird sie zwangsläufig zunehmen. Da Übergewicht den Organismus stark belastet, sollte die Ernährung auch mit dem Tierarzt besprochen werden.

Alte Katzen können im Allgemeinen ihr Futter schlechter verwerten. Das hängt mit der nachlassenden Funktion bestimmter Organe (z. B. Leber) und mit der verminder-

ten Darmbewegung zusammen. Diese schlechtere Verwertung kann ausgeglichen werden, indem hochwertige Nahrung angeboten wird. Der Bedarf an Vitaminen steigt, besonders wichtig für Verdauung und Stoffwechsel sind die Vitamine A, B1, B6, B12 und E. Übrigens kann ein Mangel an Vitamin B auch zu Appetitlosigkeit führen. Man kann der Katze dann ein mit etwas Bierhefe angereichertes Futter anbieten – darin ist viel Vitamin B enthalten.

Auch sollten die Mahlzeiten am besten auf mehrere kleine Portionen verteilt werden. Zwischendurch reicht man Leichtes wie Joghurt oder Frischkäse, Leckerchen oder Trockenfutter als Belohnung. Die reduzierten Portionen sind außerdem auch für schlechte Esser zu bewältigen bzw. dienen der Kontrolle im umgekehrten Fall.

Katzen können im Alter auch Herzprobleme entwickeln. Deshalb sollte auf eine salzarme Ernährung geachtet werden. Leckerchen wie Schinken oder Wurst sind ungeeignet. Außerdem sollten dann Leber (hoher Gehalt an Vitamin A und Kupfer) und zuckerreiche Snacks gemieden werden.

Verdauung

Wichtig ist auch, auf regelmäßigen Stuhlgang zu achten. Wird nicht zumindest alle zwei Tage Stuhl abgesetzt oder tut sich die Katze schwer, kann

Damit die Senioren fit bleiben, muss auf die Ernährung geachtet werden.

zwischendurch etwas Milch oder Sardinenöl helfen. Auch homöopathisch kann reguliert werden.

Mageres Fleisch in kleinen Stücken, am besten Huhn, Pute, oder auch Fisch sind geeignete Futterbestandteile – darin sind wichtige Proteine enthalten, die mit zunehmendem Alter besonders hochwertig sein müssen. Proteinmangel beschleunigt zwar den Alterungsprozess, aber bei der Verbrennung entsteht Harnstoff als Abfallprodukt. Für ein älteres Tier ist das eine zusätzliche Belastung, zumal bei vielen Senioren-Katzen gerade die Entgiftungsorgane Nieren und Leber nicht mehr richtig funktionieren.

Um die Verdauung anzuregen, empfiehlt es sich, das Futter mit Ballaststoffen, wie zum Beispiel roher Kartoffelstärke, anzureichern. Durch ihr Volumen regen die Ballaststoffe die Darmtätigkeit an.

Zähne

Die allmähliche Reduktion der Speichelflüssigkeit beeinträchtigt die Zahngesundheit. Bemerkt man eher das Gegenteil, sprich die Katze sabbert, verliert lange Speichelfäden oder die Lippenränder weisen schmutzige Stellen oder Krümel auf, muss dringend der Tierarzt ans Werk. Da hat sich wohl schon länger Zahnstein eingenistet, denn als erstes Anzeichen wird sie zumeist

Gras hilft auch im Alter bei der Verdauung.

wählerisch, lehnt so manches Futter plötzlich ab oder mümmelt herum. Unbehandelter Zahnstein schiebt nicht nur das Zahnfleisch zurück und führt durch Lockerung zum Ausfallen der Zähne, sondern es siedeln sich in den Zwischenräumen Bakterien an und verursachen Infektionen sowie Eiterherde. Und Bakteriengifte wiederum begünstigen unter anderem eine Schädigung der Nieren. Also regelmäßig kontrollieren lassen!

Eine Erleichterung der Nahrungsaufnahme erreicht man durch Anpassung der Konsistenz, das bedeutet keinen Wechsel des Gewohnten, sondern lediglich eine beißfreundlichere Variante. Absolute Zahnlosigkeit ist übrigens kein Fall für Einheitsbrei, die Kiefer sind ja intakt und kleinere Bröckchen machen keine Probleme.

Geruchs- und Geschmackssinn

Beides kann sich erheblich verschlechtern und mit scheinbarem Appetitverlust einhergehen (Tierarzt!). Sitzt die Seniorin unschlüssig vor dem Gewohnten, schnuppert und guckt dann ratlos, liegt es zumeist am verminderten Geruchssinn, der ihr oft auch die Lust aufs Probieren nimmt.

Einfach ein Häppchen behutsam hinter den Fangzahn schieben. Das kann den Appetit wecken. Hin und wieder erweisen sich geruchs- und geschmacksmäßige „Hämmer“ als dienlich, wie etwa Fisch oder Leber, die jedoch nicht bei Herzproblemen angeboten werden sollte. Angewärmtes Futter duftet intensiver und regt die Fresslust an. Zur Animation können auch kleine Häppchen aufgereiht bzw. per Hand gefüttert werden. Bei den Hauptmahlzeiten kriegen das auch Berufstätige hin. Und Mieze wird die zusätzliche Aufmerksamkeit genießen.

Wellness für Senioren

Wichtig ist, Geduld aufzubringen, vor allem bei Von-Hand-Gebotenem. Pensionäre sollten das bekommen, was sie mögen. Unbekömmliches rühren sie sowieso nicht an. Das heißt, wir können sie allerlei Genießbares probieren lassen, einschließlich dessen, das sie vielleicht noch nie interessiert hat. In Würde Altern sollte auch bedeuten, Vorrechte genießen zu dürfen …

Diät für die Katz'?

Tipps zur Futterumstellung

Um Stubentiger auf Gewicht zu halten, muss man manchmal zu kleinen Tricks greifen.

Abgesehen von der Gesundheit ist zu viel Gewicht eine psychische Belastung. Katzen trauern zwar keiner Traumfigur hinterher, aber dass ihnen der Sprung aufs Fensterbrett nicht mehr auf Anhieb gelingt oder sie Schwierigkeiten haben, sich ordentlich zu putzen, weil ihr Bauch im Wege ist, macht ihnen zu schaffen. Denn Lebensfreude hängt für sie auch mit Beweglichkeit zusammen.

Die Idealfigur

Man sollte sich an dem so genannten „Body Condition Score", bei dem bestimmte Körperteile beurteilt werden, orientieren. Eine Katze mit Idealfigur ist wohlproportioniert, hat eine sichtbare Taille, wenig Bauch und ihre Rippen sind beim Streicheln zu tasten. Zu mager ist die Katze, wenn sich ihre Rippen wie ein Waschbrett anfühlen und andere Knochen, besonders die Lendenwirbel, ohne schützende Fettschicht direkt unter der Haut liegen.

Bei einem Pummelchen kann man die Taille nur mühsam erkennen, die Rippen lassen sich kaum bis gar nicht ertasten und der Bauch ist deutlich gerundet.

Regelmäßiges Wiegen (etwa einmal im Monat) ist wichtig, um Veränderungen festzustellen. Rasches Zu- oder Abnehmen kann auch ein Krankheitssymptom sein.

Medizinische Diäten

Katzen mit chronischen Krankheiten, wie z. B. Nierenschäden, sollten mit einer medizinischen Diät ernährt werden.

- Mehrere kleine Portionen frisch zubereiten und das Futter auf 30 bis 35 °C anwärmen, so riecht und schmeckt es intensiver.
- Solange es der Katze schlecht geht, sie sich z. B. erbricht, sollte die Diät warten, da sie das neue Futter sonst mit dem Erbrechen verbindet und ablehnt.
- Sobald es der Katze besser geht, das alte Lieblingsfutter mit immer höheren Anteilen des neuen Diätfutters vermischt anbieten, bis die Mahlzeit nur noch aus Diätkost besteht.
- Auch Thunfischöl oder gebratene Leber können das neue Futter attraktiver machen – diese Zusätze sind jedoch nur in der ersten Phase der Umstellung erlaubt.
- Vitamine aus der B-Gruppe wirken appetitanregend, sollten aber nur nach Absprache mit dem Tierarzt gegeben werden.

Wenn das nicht hilft, muss der Tierarzt den Appetit mit Medikamenten anregen.

Entwickelt die Katze ein Bäuchlein, sollte man möglichst sofort handeln. Häufig liegt es an den kleinen Schmankerln zwischendurch, die sich dem Stubentiger an die Hüften kleben. Da muss natürlich jeder mitarbeiten und hart bleiben. Vor der Diät steht der Gang zum Tierarzt. Er kann feststellen, ob eine Krankheit dahinter steckt und den richtigen Energiebedarf ausrechnen.

Möglichkeiten

Theoretisch kann man die tägliche Futtermenge einfach auf die empfohlene Menge reduzieren, vorausgesetzt die Katze wird weiterhin mit allen wichtigen Nährstoffen, Vitaminen und Mineralstoffen versorgt. Der Vorteil ist, dass man den Stubentiger nicht an neues Futter gewöhnen muss. Nur leider ist das meist nicht sättigend. Spezielle Diäten haben daher einen höheren Ballaststoffanteil. Wird selbst gekocht, kann man Futterzellulose als Ballaststoff (max. 5–10 g/Tag) zumischen. An Diätfuttermittel sollte man die Katze langsam gewöhnen.

Ein weiterer wichtiger Bestandteil ist Sport. Da man mit der Katze nicht joggen gehen kann, spielt man mit ihr, wann immer sich die Gelegenheit bietet. Keine Samtpfote kann ewig einem Jagdspiel widerstehen, wenn man sie nur unermüdlich animiert. Nach ein paar Wochen erkennt man sie nicht wieder und sie wird ihre wieder gewonnene Beweglichkeit genießen. Jetzt bloß nicht aufhören, die Diät ist auf Dauer nur erfolgreich, wenn weiter maßvoll ernährt wird.

Nicht mit mir!

Erfahrungsgemäß haben Katzen nichts gegen Krankenkost. Aber wenn sie die Diät wirklich brauchen, ist Schluss mit lustig und sie verweigern mit einer Hartnäckigkeit, die meist in einer Kapitulation des Halters endet.

Wer stets abwechslungsreich gefüttert hat, ist im Vorteil. Und ein bisschen austricksen lassen sich (fast) alle. Jede Umstellung erfordert viel Geduld, denn die meisten Katzen probieren Unbekanntes oft nicht mal. Schonkost noch weniger, da die ansprechende Geruchskomponente fehlt.

Zum Ausgleich wird gern mit Fisch getrickst. Eigentlich keine schlechte Idee, sofern man ihn wie ein Gewürz behandelt und die Katze kein Fischfan ist.

Alternativ bieten sich Vitaminhefeflocken an, die von den meisten Katzen sehr geschätzt werden. Um herauszufinden, ob es der Katze schmeckt, bestreut man nur eine Hälfte der Mahlzeit und wartet, mit welcher Seite sie beginnt.

So trifft Mieze erst auf Bekanntes und wenn es zu spät ist, stellt sie fest, dass es gar nicht so übel schmeckt. Zumal nach dem Probierhäppchen oft der Hunger siegt. Größere Lieblingsstücke unterzumischen funktioniert nicht, da diese locker herausgepickt werden können.

Überzeugungsarbeit

Hat der erste Trick nicht funktioniert, muss man es weiter versuchen. Man kann der Katze ein winziges Probierhäppchen auf die Lippen stippen oder sanft hinter den Fangzahn schieben. Klappt das, folgt Häppchen Nummer zwei und so fort. Beim ersten Mal die letzten zwei Bissen auf den Teller legen, dann drei, dann vier – bis man nur noch daneben stehen muss.

Hilft das nicht, muss man zu Plan B greifen.

Plan B

Bei der Zubereitung sollte die Katze nicht zugucken können! Sie hat nämlich ein besonderes Gespür für menschliche Hinterhältigkeiten.

Ein kleines Löffelchen vom neuen im gewohnten Futter, gut vermischt, verstecken. Hat sie es angenommen, einige Tage warten, bevor die Menge auf die gleiche Weise allmählich gesteigert wird – so lange, bis sie a) überzeugt werden konnte oder b) verweigert. In diesem Fall heißt es zurück zur gerade noch akzeptierten Menge (oder etwas weniger).

Hilft das auch nicht, serviert man über den Tag verteilt mehrmals immer nur kleine Häppchen vom Gewohnten, zu etwa einem Drittel mit dem Neuen versetzt. Der Teller wird nach 30 Minuten weggeräumt, um etwas später wieder das Gleiche, frisch zubereitet, anzubieten.

Kranke Katzen

Bei Kranken oder Rekonvaleszenten sollte man nichts ausprobieren. Eine Diät sollte aus zwei Gründen erst nach Wiederherstellung begonnen werden: Eine erzwungene Diät wäre mit so viel Stress und Aufregung verbunden, dass keinerlei „gesunde" Wirkung greifen kann! Es besteht immer die Gefahr, dass sie sich verschluckt oder alles wieder erbricht.

Bei generell Appetitlosen hilft oft, das Futter als sämigen Brei zu servieren, die meisten schlecken ein wenig dran. Außerdem brauchen Kranke in der Regel sowieso viel Flüssigkeit. Manchmal können Aufbaupräparate mithilfe einer Einmalspritze (natürlich ohne Nadel!) hinter dem Fangzahn appliziert werden. Funktioniert das nicht stressfrei, versucht man Flüssignahrung. Klappt auch das nicht, muss sich der Tierarzt eine Alternative überlegen.

Was die Katze nicht kennt, frisst sie nicht – und kann dabei sehr überzeugend sein.

Bildnachweis
fotolia: U1 + S. 3 unten Marcel Schauer, U1 + S. 3 oben trialartinf, S. 6 jeancliclac, S. 8 Naomi Hasegawa, S. 11 Marzanna Syncerz, S. 13 parazit, S. 15 Tripod, S. 17 Kapu, S. 18 Béatrice Négre, S. 21 Kica Henk, S. 23 NatUlrich, S. 24 trialartinf, S. 27 Inferna, S. 28 Pavel Timofeev, S. 29 Carola Schubbel, S. 31 kristian sekulic, S. 32, 34 Arno Bachert; S. 36 Marcel Schauer, S. 41 Stoian Markov, S. 43 iBart, S. 45 dazarter, S. 47 Jens Hertel, S. 49 Mari_art, S. 51 Sven Petersen, S. 53 14ktgold, S. 57 RomainQuéré, S. 58 Olga Struk, S. 60 Hagit Berkovich, S. 63 Uwe Malitz

Agentur: Celebrities Entertainment GmbH

Lizenzausgabe für BELLAVISTA
BELLAVISTA ist ein Imprint des Karl Müller Verlages –
Silag Media AG, Liebigstraße 1 – 9, 40764 Langenfeld

Printed in Germany

ISBN 978-3-86997-091-2